2 — 0 — 1 — 9

The Vines of Indigo

两岸天然染色艺术联展作品集

蓝脉

主 编 罗莹
副主编 马芬妹

U0305429

中国纺织出版社有限公司

国家一级出版社
全国百佳图书出版单位

内 容 提 要

天然染色包括植物染、动物染、矿物染，是当今倡导环保的热门话题。由深圳大学艺术学部与中国台湾蓝四季协会联手举办"蓝脉——两岸天然染色艺术联展"，分别于2019年10月在台北当代工艺设计分馆和11月在深圳大学美术馆展出。现将中国大陆30位艺术家和中国台湾30位艺术家的100多幅天然染色作品精选成册。本作品集是两岸天然染色文化交流的首次联手展览的成果，每个作品经过选拔筛选，代表了当今两岸天然染色的水平。

此次联展的举办和作品集的出版是一个新的里程碑，也是一份督促和鼓励。期待本作品集可以成为天然染色艺术家、专业人员的专业书籍，也可以成为植物染爱好者的学习参考资料。

图书在版编目（CIP）数据

蓝脉：两岸天然染色艺术联展作品集 / 罗莹主编 . -- 北京：中国纺织出版社有限公司，2019.10
ISBN 978-7-5180-6695-7

Ⅰ.①蓝… Ⅱ.①罗… Ⅲ.①植物—天然染料—染料染色—作品集—中国—现代 Ⅳ.① TS193.62

中国版本图书馆 CIP 数据核字（2019）第 206759 号

责任编辑：宗 静 责任校对：王花妮 责任印制：何 建

中国纺织出版社有限公司出版发行
地址：北京市朝阳区百子湾东里A407号楼 邮政编码：100124
销售电话：010—67004422 传真：010—87155801
http://www.c-textilep.com
中国纺织出版社天猫旗舰店
官方微博http://weibo.com/2119887771
北京华联印刷有限公司印刷 各地新华书店经销
2019年10月第1版第1次印刷
开本：889×1194 1/16 印张：8.5
字数：84千字 定价：198.00元

蓝脉——两岸天然染色艺术联展作品集

（The Vines of Indigo—2019 Cross-Straight Natural Dyeing Art Exhibition）

中国台北展展出前言

历久恒新的传统天然染色，以植物性和矿物性染料为主，如彩虹般美丽色素种类繁多，启发人类涂绘身体的装饰本能，或染色于纤维布料、纸张、皮革和岩壁上，以色彩表达感情，描绘造型成为人类艺术创作的开端。其中来自植物的蓝靛染料，是许多民族传统服饰的重要色彩，藉由各种防染技艺形成的记号纹饰，如生命图谱般是各族群珍贵的文化容颜。天然染色的独特性和色彩魅力，即使在高度工业化的国家，仍受到染织艺术创作、时尚设计界，及追求环保生态人士青睐珍重。

中国传统染织工艺技术绚烂成熟，天然染色的色谱缤纷完整，服色典章制度文化历史悠久。明代《天工开物》彰施篇，记述染料的种类、制备和染色方法，是染织工艺技术的宝典。清代《红楼梦》章回小说，出现许多描绘服饰染色织造的名称，如石青刻丝、红紬软帘、葱黄绫棉、大红妆缎、翡翠撒花等。《台湾通史》农业志蓝之属，"山蓝：亦名大青。山地多产，雍田甚肥。子售泉州，干以蒸火。木蓝：亦名小菁，种出印度，荷人移植。宜于高燥之地，一年可收三次。以制蓝泥，每四百斤可得蓝三十斤"。中国台湾百年菁蓝风华历史，有先民勤劳累积的蓝金传奇，有大菁小菁作物于蓝魔法池酝酿不可思议的青出于蓝，这些都是两岸共同拥有的染色文化资产。

中国台湾蓝四季研究会的会员，由中国台湾国立工艺研究发展中心育成辅导，秉持"台湾蓝草木情工艺心"的文化理念，创新融合各种染色工艺技法，多年来以青一色的蓝染世界，传递出天然染色优雅自在的生活美学，同时藉由深邃的湛蓝色彩带来心灵最大的舒适感。21世纪以来，中国台湾蓝染的"黑手"更以慎重之心耕耘护守大地，将因缘于自然恩赐的蓝彩力量，推陈出新蓝白之美的现代艺术挂饰、创意时尚服饰和概念造型艺术等佳作，纷获佳评。

　　值此近年，中国台湾和大陆学术文化交流日益频繁，两岸蓝脉共存菁蓝古靛的密码，且有一衣带水交递工艺图谱的渊源，特别规划办理"蓝脉——2019两岸天然染色艺术联展"。由中国台湾蓝四季研究会承办，深圳大学草木蓝兮团队和南投县文化资产协会共同协办，双方各邀请30名天然染色作家，合计展出100件作品汇集，在台北和深圳展出。以充满创意手感和精致艺术表现的各类型作品，交织出现代化、时尚感、自然环保观念的多元视觉创作，也是在中国台湾首度呈现两岸天然染色艺术的大型联展飨宴。

中国台湾蓝四季研究会理事长

马芬妹

蓝脉——天然染色的传承与创新

历程沿革

在历史的长河中，人类文化史上天然染色占有非凡的地位。历代先民借此承载几千年璀璨的服饰文明，在世界版图内，不同地域、不同水土的天然染色承结出芬彩异呈的形态和色泽。

自18世纪以来，在产业革命的影响下，世界各地都逐渐受到化学合成染料的冲击，天然染色面临断层和萎缩的困境。20世纪中后期，在工业污染、环境生态被损害的状况下，人们重新思考人与自然的关系，引发人们对天然染色的反思和关注。

日本当代植物染色复兴于20世纪60年代，严谨而固守传统，使日本的天然染色体系完整、在世界具有领先地位；中国台湾地区复兴于20世纪80~90年代，经过多年复育推广，也形成自己的体系成就斐然；中国大陆天然染的复兴是近几年的事情。我们该何去何从？如何面对传统文化与现代文明之间的冲突？如何处理工业染色量产行销与自然素材手作技艺之间的矛盾？这些都是不得不面对的课题。

复兴与传承

一方面，我国天然染色起步晚，基础材料、基础研究匮乏，系统教育和培训不足，民众对天然染色了解非常有限。另一方面，我们也有很大的优势，经济的不断发展，市场潜在的需求扩大，民众对绿色环保的关注，都为天然染色的复兴提供了坚实的基础；物料人工相对价格低廉，可以降低手作产品的成本；年轻设计师、艺术家的投入也为这个产业增添了新生力量。

种植、生产、染色的复兴

植物染色的蓝靛近几年大量被种植，贵州、云南、福建、江苏、山东等地，马蓝、蓼蓝的种植面积大幅提高，蓝草、蓝靛产量的稳步增长是大陆地区蓝染业发展的保障，也带动了植物染的染色、加工和产品开发。

植物染坊和从业人数的增加

在短短几年时间里大陆的植物染就业人数增长很快。从传统染织手艺人到都市手作工坊，除了云贵地区外，主要集中在苏杭地区、北京、福建沿海地区、广州深圳、四川成都、重庆、山东等地，初步统计植物染工坊超过百余家，现有从业人数400至500人。

目前大陆的染坊形式分类

云贵少数民族传统手艺人的染坊：植物染色是民族生活的一部分，一些村落家家户户门口都有染缸，他们保留了蓝草种植、纺纱、染色、织布的全过程。在贵州少数民族地区，传统建缸养蓝的方法非常多样，每处村落结合地质植被的不同，都有自己独特的配方，保留了原汁原味的传统古法染色技艺。

江浙一带保留了一些百年历史悠久的染坊：染坊规模较大，保留了传统的染色方法，也有时代的创新，包括染色技术、图形方面，是我国天然染色的中坚力量。

艺术家、纺织学者、设计师及文艺青年开创的染坊：艺术家、学者、设计师的力量注入，使染坊脱离了传统作坊的概念，不断注入文创思维研发、产品设计、跨界创新的概念。目前规模虽小，但敢于尝试，不断为传统植物染注入新鲜血液，是大陆天然染色界的新生力量。

在天然染色的复兴与传承的道路上，我们尚处于初始阶段，基础研究、技艺规范、进阶技艺、文化研究、文化推广等方面还需要踏实努力。

创新与设计

高校方面

近几年国内已有多达30余家高校的本科、研究生专业开设天然染色的相关课程。高校的师生或者通过对传统文化研究，到少数民族地区采风研习；或者在课程中纳入型染和扎染的内容，让学子在工艺染色的基础上尝试转化设计，为传统文化注入新时代的痕迹。尤其这几年服装大赛和毕业秀中天然染色的作品屡见不鲜。

企业方面

几年前已有例外、速写、无用、之禾等品牌，率先引入草木染服饰的概念，推出天然染色的系列；2018年北京国际时装周有三家天然染色主题的走秀展演。从独立设计师品牌到大众时尚品牌，近几十家品牌的推广，使"植物染"的概念更广泛的渗透到人们的生活中。另一方面，一些纺织企业也将目光投注在天然染色的原材料研发，在企业的带动下更多品牌和受众会接受天然染色。

艺术家方面

更多艺术家关注染色技艺的创新、艺术手法的多样性，在这几年中通过赴日本、中国台湾地区游学研习，充实天然染色技艺。艺术家活跃的思维和大胆创意为传统植物染增色不少，在作品中或将植物染与装置艺术复合，或将植物染与时装艺术结合，尝试更多表现形式。

自2013年中国大陆地区举办首场植物染服装秀；2017年举办"首届两岸植物染艺术联展"和"草木染大会"；到2019年中国丝绸博物馆的"首届天然染色双年展"，特别是这次两地首次携手举办的"蓝脉——2019两岸天然染色艺术联展"，是一个标志，也是新的纪元，感谢中国台湾蓝四季研究会和中国台湾国立工艺研究发展中心促成本项展览，使我们有学习和交流的机会。这几年我们不断地弥补自身的短板，也搭建学习交流的平台，扩展视野促进文化交流，相信我们这几年的每一步都会对今后产生影响，也留下我们探索和坚实的脚步。

深圳大学教授、草木蓝兮创办人
罗莹

台北展

展览时间：2019 年 10 月 8 日—2019 年 10 月 20 日
展览地点：台北当代工艺设计分馆

深圳展

展览时间：2019 年 11 月 1 日—2019 年 11 月 8 日
展览地址：深圳大学美术馆

主办单位：中国台湾国立工艺研究发展中心
　　　　　深圳大学艺术学部美术与设计学院
承办单位：中国台湾蓝四季研究会
协办单位：深圳大学草木蓝兮团队

荣誉赞助单位

深圳东方逸尚服饰有限公司
深圳优美世界服饰有限公司
深圳迪凯服饰有限公司
深圳闻道服饰有限公司
广州皑如服装设计有限公司

感谢他们对首届两岸天然染色艺术联展的鼎力支持！

目录

《动态》

作者：陈妙蓉
材质：侗布、手织布、真丝
尺寸：人台展示
染材：蓝靛、薯莨、椿树皮、柿漆、蛋清

设计说明

灵感源于初见贵州梯田时的震撼与感动，蜿蜒的曲线层层迭起，云雾萦绕，那是勤劳百姓的智慧与天地万物的馈赠。蓝靛，多彩贵州的底色，侗布是侗族手织面料里技艺最为精湛的一种，需要经过反复浸染及捶打而成。不同深浅的蓝，经过不同力度的敲打，就呈现出不同状态。西式礼服的立裁设计与传统染色手织布的融合，侗布的挺阔与真丝的顺滑，传统与当代碰撞，人体动态，山水形态，自然生态，生生不息。

《侗革》

作者：陈妙蓉
材质：侗布、香云纱
尺寸：人台展示
染材：蓝靛、薯莨、蛋清

设计说明

款式来源于侗族新娘服饰，平面裁剪的上衣和百褶裙。侗布的质感像金属、像皮革，硬挺，可塑性很强。与同色系的香云纱结合，一刚一柔，亮光与哑光形成对比，用双面色香云纱面料来设计裙摆，是想借此隐喻女子身份的转化，既融合又独立的小秘密以及永远保持少女心的小"心机"。

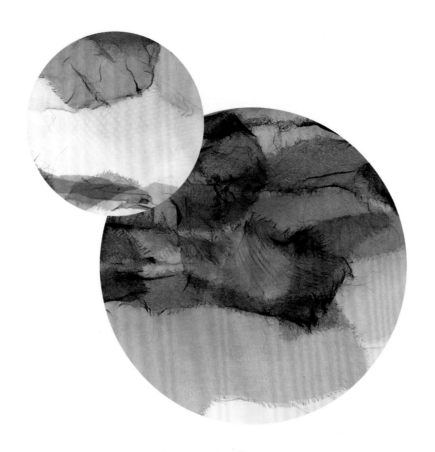

《隐山浮云》

作者：陈燕琳、王启迪
材质：真丝欧根纱
尺寸：100cm×40cm
染材：蓝靛

设计说明

天然染料与真丝面料相遇，产生清透淡雅的化学
反应。染色后的面料经过高温处理具有其独特的
形式语言，焦、浓、重、淡、清，或皱或毛，犹
如中国画的笔墨神韵。作品表达一种隐山浮云般
的恬淡意境。

《聚·离》

作者：陈咏梅

材质：桑蚕丝、棉、混合纱线

尺寸：立体展示

染材：黑豆皮、蓝靛

设计说明

作品灵感来源于自身的情绪，将这些或喜或悲或好或坏的情绪梳理，传达出虽然有各种无奈的牵连但却在竭尽全力平衡和压制，以寻求自我解脱的感觉。作品将立裁结合纱线的编织，在看似杂乱的搭配下用色彩寻求平衡，色调主要以蓝色为主，加入少量的植物染黑豆皮的冷灰色，增加整个系列的层次感，又以植物染纱线中混入化纤类纱，长纱线中混入花式纱线，用编织的手法增加单色的多样性。

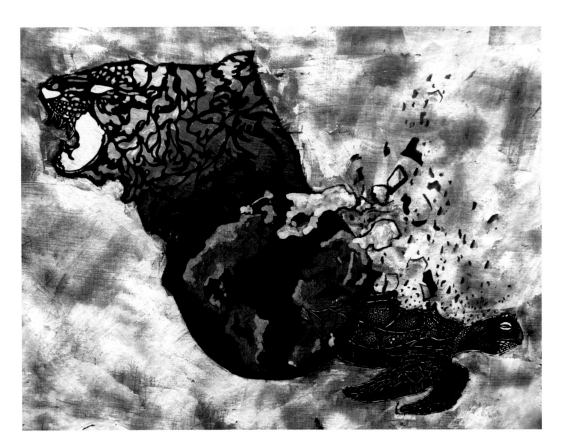

《不见》

作者：陈咏梅

材质：纯棉

尺寸：100cm×120cm

染材：蓝靛

设计说明

在我们赖以生存的这颗蓝色星球上，我们本该共享共生，
人类的肆虐占有却逼得越来越多的动物消失不见，他们的
哀嚎和出走就仿佛是在对我们说："再见，再也不见！"

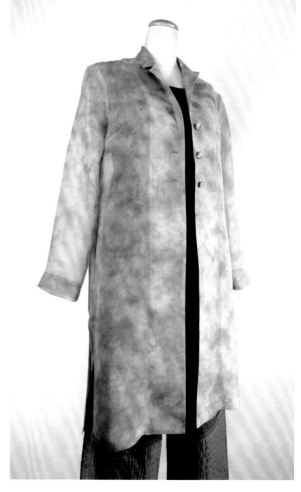

《霓裳四韵》

作者：陈景林（中国台湾）

材质：天然真丝

尺寸：人台展示

染材：蓝靛、茜草、五信子、石榴、福木、薯榔、紫膠虫

设计说明

运用多种天然染材，以复染叠染方法，呈现天然染色的优雅细腻变化，并尝试时尚设计应用之可能。

《有模有样》

作者：陈明理（中国台湾）

材质：棉

尺寸：人台展示

染材：蓝靛

设计说明

以不同缝扎方法的图案组合呈现于穿、袋之间。

《蓝鱼》

作者：陈婉丽（中国台湾）

材质：羊毛、苎麻、棉布、毛毡、竹、藤

尺寸：360cm × 250cm × 100cm

染材：蓝靛等

设计说明

水墨绘染结合型染与草木移染技法表现写
意的情境。

《蓝湛》

作者：陈文江（中国台湾）
材质：棉布、棉线
尺寸：110cm×100cm×10cm
染材：蓝靛

设计说明

浓绿间，倏然掠过一抹艳蓝，原来是顶着乌黑的短发、披着一袭湛蓝的礼服、抹着鲜艳的口红、宛如宝石般耀眼、如精灵般敏捷穿梭在树林间的蓝色小精灵——中国台湾蓝鹊，虽然身披华丽的外衣，却有着无比强悍的性格与高度智慧。

《奇幻森林》

作者：陈怡仁（中国台湾）
材质：棉布、天然蓝靛
尺寸：142cm×175cm
染材：蓝靛

设计说明

坐落于蓝星上的奇幻森林里，浑身披着毛刺、嘴上长着獠牙的阿鳄，正迈着慢悠悠的步子，准备到幻影湖边喝水，而跳眼小怪不知是受到什么惊吓，正警戒地四处张望，不远处，树胡爷爷正带着小胖飞在森林中巡视……一个奇幻冒险故事就此展开。

《孤本之一》

作者：龚建培

材质：宣纸

尺寸：45cm×80cm

染材：蜡、蓝靛

设计说明

本作品以宣纸为材料，使用蓝靛与蜡所形成的图像来呈现中国传统山水的经典符号以及水墨、线条的意境，并利用宣纸的半透明性来表现中国水墨的另一种层次感。

《孤本之二》

作者：龚建培
材质：宣纸
尺寸：45cm×80cm
染材：蜡、蓝靛

设计说明

本作品为多页宣纸组成的综合拼贴，可以有多种图像的翻页展示蜡、植物染料形态。

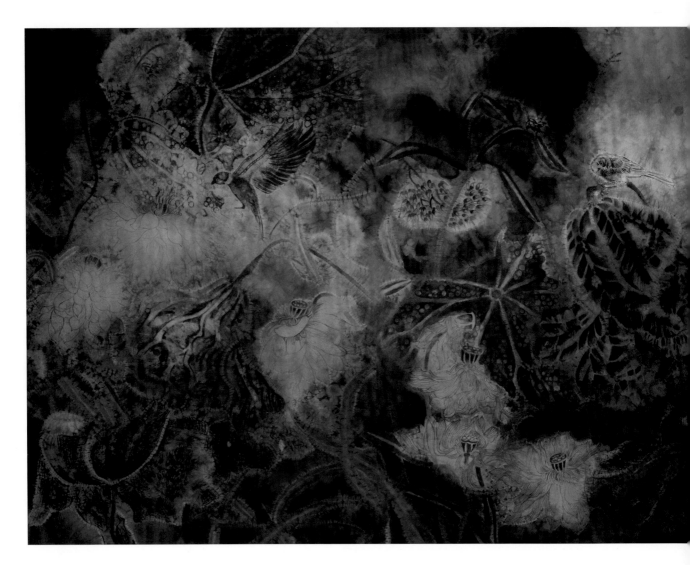

《荷塘月色》

作者：管兰生

材质：丝绸

尺寸：83cm × 145cm

染材：石榴皮、姜黄、蓝靛、核桃皮、青金石、珍珠粉

设计说明

雨后天晴，池塘月色所见。将中国画的意境、西洋画的色彩、丝绸之路染缬技艺融为一体，大量反复使用绞缬技艺，多次浸染而成。天阴，又晴，月影清清，隐逸在花庭：澄净，澄净，一丛丛莲花温婉静谧、端庄娉婷，微风轻，叶滞一滴冷露，月光静，花凝一块寒冰。不祈祷风，不祈祷山灵。风吹时她动，风停，她停。没有忧愁，也没有欢欣；总是古旧，总是清新。有时低吟清素的梵音，有时呼应鸟的精灵。赞扬月，大地慈净，也祝福风，落英凋零。静静悄悄，无声的月亮呀！镀上了银……天晴，天阴，月影清清，隐逸在花庭：澄净、澄净！

蓝脉 035
两岸天然染色艺术联展作品集

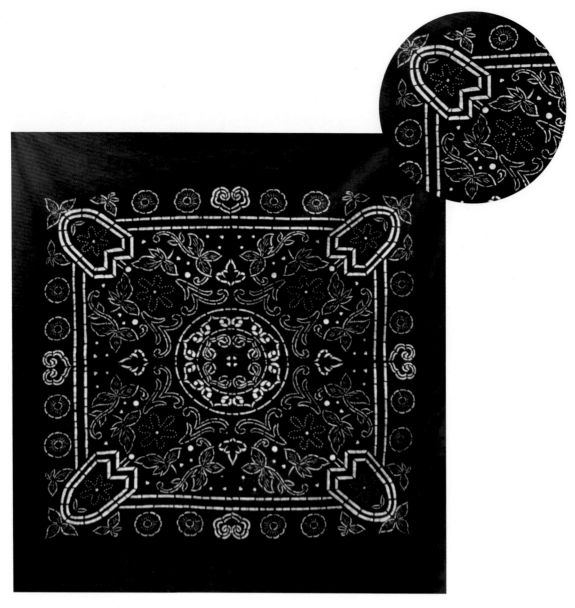

《如意·圆满》

作者：郭凯远（中国台湾）

材质：棉布

尺寸：125cm×113cm

染材：蓝靛

设计说明

一年四季春夏秋冬的循环，大地花草随着时光荫蕴而生，也随着季节的变化花开花谢。走过数个年头，是您们给了我力量，当我觉得彷徨、孤单、沮丧时还依然能坚强，随着时光流逝一切会吉祥圆满的。

《后背包》

作者：郭凯远（中国台湾）

材质：棉布

成品尺寸：41cm×38.5cm×35cm

染材：蓝靛

设计说明

窗棂。

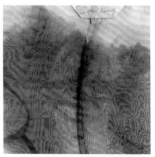
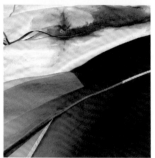

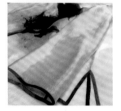

《V02-302》

作者：洪丽芬（中国台湾）

材质：桑蚕丝

成品尺寸：人台展示

染材：蓝靛

设计说明

蓝的渐层与留白。

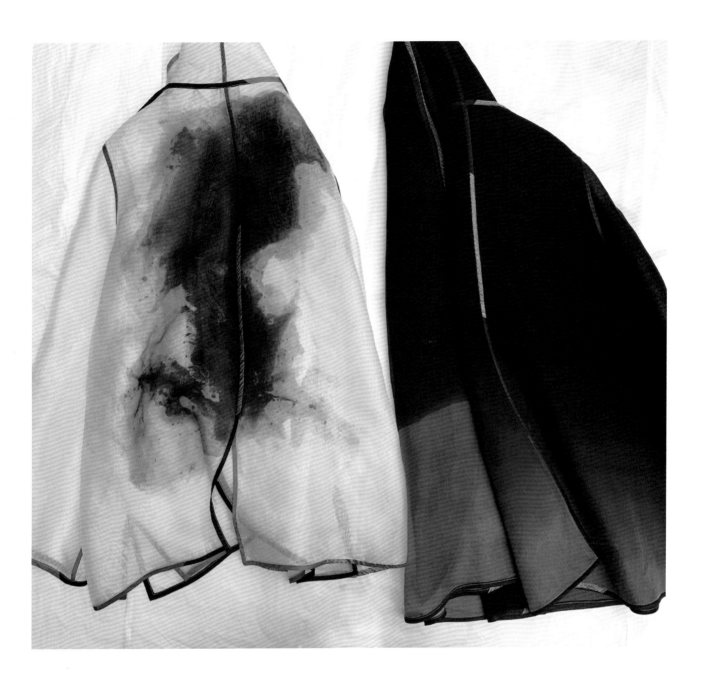

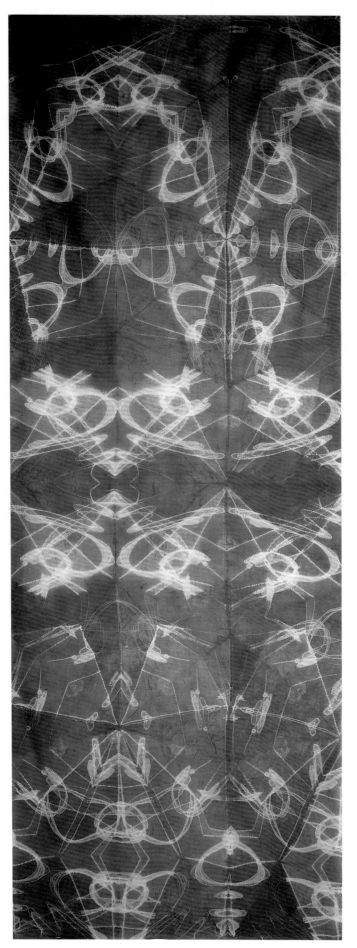

《未蓝之二》

作者：郝雅莉
材质：丝棉
尺寸：70cm×200cm
染材：蓝靛、苏木

设计说明

作品以中英文书法"梦"和"Dreams"为图形元素，结合传统的、民族的染缬工艺，以现代构成的设计方法表现出来，点、线、面的虚实交迭、深浅不同的蓝色与苏木的红色层层晕染，构成了梦幻的光影效果和空灵的空间感，形成一幅新的、未来的图像。作品在传统机缝扎染和蓝染工艺技法的基础上，突破传统染缬的装饰纹样的固有形式，运用新的工具、材料、技法，加入了现代的、时尚的设计理念，形成随机而自然的肌理，具有不可复制的独特魅力。

《满天星》

作者：许艳玲（中国台湾）

材质：蚕丝

尺寸：人台展示

染材：蓝靛

设计说明

"生命的圆圈"是多年前与名舞蹈家李晓蕾合作的作品，因为这个舞作让我对圆圈非常着迷，看到孙翠兰老师的夹染圆圈更加觉得可爱、幽默，以大小不同的圆圈，来呈现外太空各种星球飘浮的感觉，不同层次的搭配更添加神秘感，我们就叫它"满天星"吧！

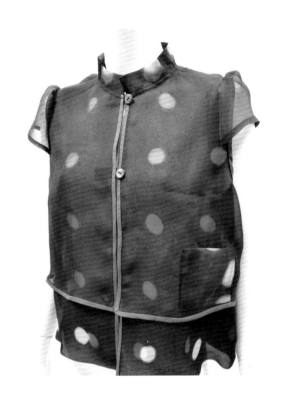

《圆圈》

作者：许艳玲（中国台湾）
材质：蚕丝
尺寸：人台展示
染材：蓝靛

设计说明

对圆圈的着迷，也让YENLINE这个品牌多一个容易辨识的隐形元素，这套我也不需要陈述太多，就叫它"圆圈"吧！

《游离》

作者：黄超
材质：亚麻、真丝
尺寸：模特展示
染材：黑豆皮

设计说明

设计灵感源于苗绣的形、色、质，以现代设计方法的角度去解析苗绣，从材料和工艺上的角度创新设计，重新定位传统工艺，立足于传统文化创新设计，传递新理念。让其活化于现代社会当下时代，而不是存在于原始思维的时间空间，创造新的设计价值。

《海底新物种》

作者：姜莹
材质：棉胚布
尺寸：100cm×50cm
染材：蓝靛

设计说明

未知的海底世界让人充满幻想与期待，海底深处究竟存活着怎样的物种与生命？它们与我们人类社会是何种关系？本作品采用传统扎染工艺，表达的却是现代人的思考与憧憬。

作品主体的图形是抽象的、灵动的、有生命力的，给人提供无限想象空间的。作品名称引导观众去想象某种海底新物种，在深海中浮动，发着光，慢慢靠近我们，似乎想讲述什么故事。

《相得》

作者：姜莹
材质：棉坯布
尺寸：143cm×100cm
染材：蓝靛

设计说明

《易经》里有"五位相得，而各有合，相得相
合，才能产生天地万物"。所谓"相得"就是
相得益彰，互相配合，亲密无间，和谐融洽。
本作品正是在于探讨两种事物之间关联共生的
关系。他们可能代表两座城市、两种文化、两
个视角等，具有多种可能性。
本作品的表现形式上有着西方平面构成设计的
印记，同时又使用中国传统天然印染的方法，
这也是在从某个角度诠释"相得"。

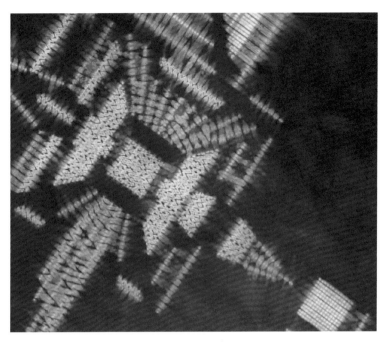

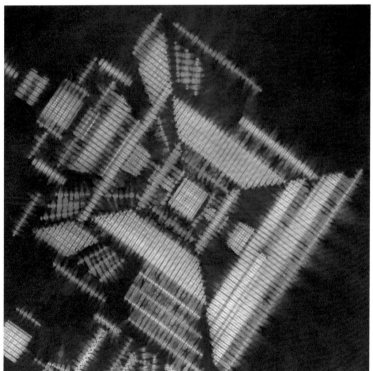

《蓝染地图》

作者：赖美智（中国台湾）
材质：棉、缫萦、棉麻、麻
尺寸：人台展示
染材：蓝靛

设计说明

事件记忆在每一小块布料中，每一块布料
有一个故事。有时间，有地点，有人物，
有缘由，有目的，记录点点滴滴的蓝染，
这就是我的蓝染生活地图。

《灵与菱的对话——瞳眼》

作者：赖美智（中国台湾）
材质：棉麻
尺寸：人台展示
染材：蓝靛

设计说明

一种关爱一种瞳，一份关怀一个眼，无数瞳眼，无数关爱；有交错，有重叠，有交集，有分散，用眼睛表达无尽关爱。

《赫本》

作者：李宁
材质：棉布
尺寸：70cm×50cm
染材：蓝靛

设计说明

你坠入了人间，这里有纯净的蓝色伴你
永恒。

《阶梯》

作者：李宁
材质：棉布
尺寸：60cm×90cm
染材：蓝靛

设计说明

我们用光阴刻染人生的每一步阶梯。

《黎路》

作者：林含
材质：柞蚕丝、桑蚕丝
尺寸：模特展示
染材：蓝靛、黄檗、诃子、紫檀木

设计说明

两件服装分别代表陆上丝绸之路和海上丝绸之路，希望表达使
者相望于道，商旅不绝于途。与世界往来穿梭的历史和中国对
于行路的共鸣。服装全部使用蚕丝面料；染制和拼贴的纹路代
表丝绸之路的路线；服装款式上则分别提取了中式服装和胡服
的元素，借以表达丝路上人和人繁茂的交往。

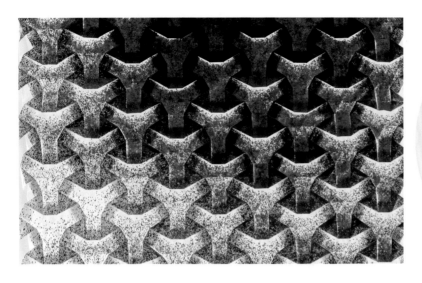

《甲》

作者：刘骧群

材质：真丝

尺寸：170cm×70cm

染材：蓝靛

设计说明

面对当下眼花缭乱的现代材料与制作技术，本作品试图回归传统，回归本真，寻找一种传统材料进行新的尝试。中国古代曾利用纸做甲胄，因纸拥有很好的柔韧性且重量轻，所以人们把它视作一种新的材料，制造出轻型的防身器具，这就是纸制甲胄，即纸甲。甲胄与衣裙都用于遮蔽、保护身体，不同的是甲坚硬、纸柔韧。所以，本次《甲》的创作正是基于历史，将甲与纸结合，将坚硬与柔韧结合，尝试以宣纸作为服装艺术作品面料，采用独特手工折叠技术以及晕染等十种工序，极好地显示了其作为服装面料的另一种新的可能性，以期创作出一种新的时尚。

《甲》创作的整个过程令创作者再一次感受中国传统文化的不同意蕴：宣纸的洁白稠密、韧而能润，折纸所需的静坐调心，两者的结合完成需创作者达到静思、静心、静虑等超然平淡的状态，这与修禅的境界极其相似。在创作的整个过程中，创作者犹如一次修禅的境界，达到了心明清空、无我的状态，希望观众在观看此件作品的过程中，除了再领略中国古代文化之外，可通过作品领会到一种宁静致远之境。

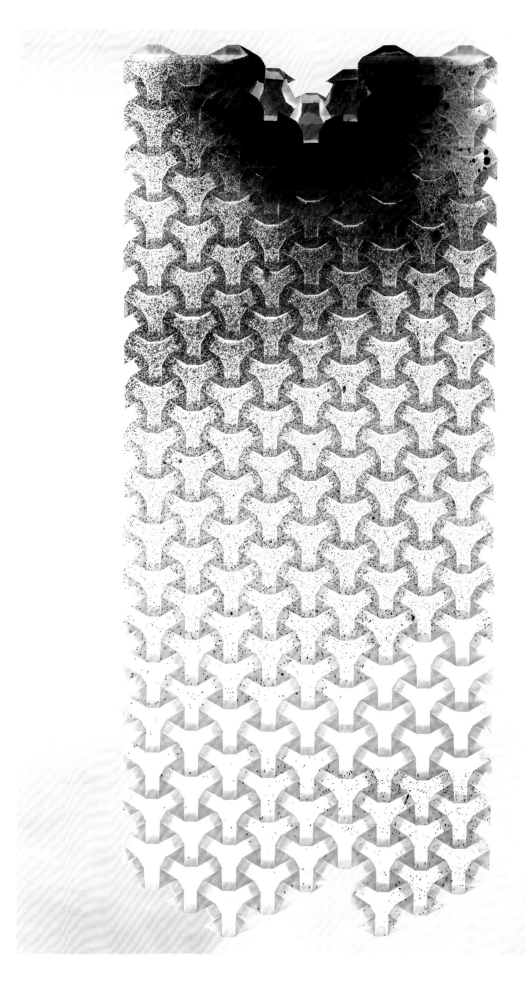

《原—野》

作者：刘碧云（中国台湾）

材质：构树皮、棉布

尺寸：人台展示

染材：蓝靛

设计说明

采于大自然树皮和天然染色，棉质制作成的服饰。

《轻松》

作者：刘碧云（中国台湾）
材质：小羊皮、麻
尺寸：人台展示
染材：蓝靛

设计说明

利用小羊皮、棉、麻制成轻松的背心、裤套装，可在平日穿搭。

《万寿无疆》

作者：刘美铃（中国台湾）

材质：棉

尺寸：170cm × 140cm

染材：蓝靛

设计说明

图案设计利用六边形为基础，再透过折缝把边对
齐，形成的龟甲纹为长寿意思。

《武陵雪景》

作者：刘美铃（中国台湾）
材质：棉
尺寸：77cm×98cm
染材：蓝靛

设计说明

构图以雪为基础，利用很淡的云染效果方式，呈现出水中倒影效果，其部分再加深线条，勾勒出房屋及篱笆线条。

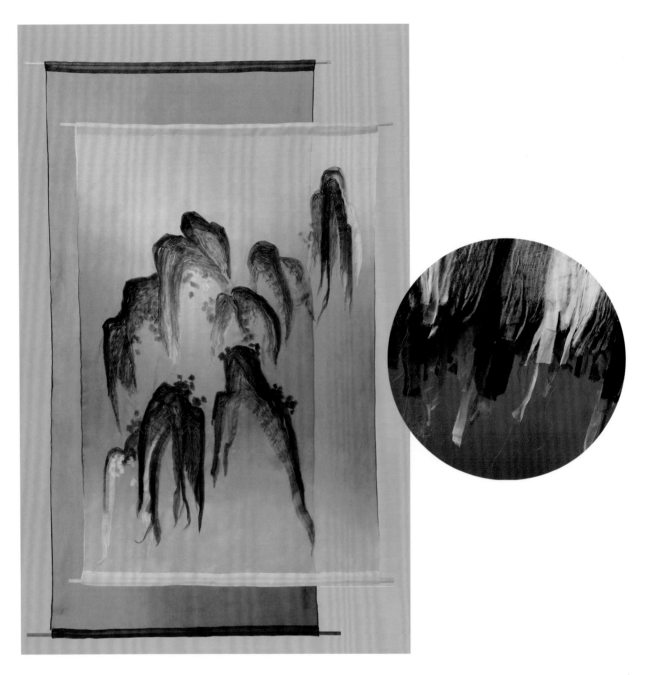

《纵壑》

作者：罗莹

材质：真丝欧根纱

尺寸：250cm×180cm×100cm

染材：皂斗

设计说明

山的纵横、壑的层叠，连绵不断的时代，生生不息的生命。植物染色的黑灰，用多层叠缝拼接的手法来表现古画中的山峦、服饰中的抽象线条。人与自然，现代与往昔的不可分割。

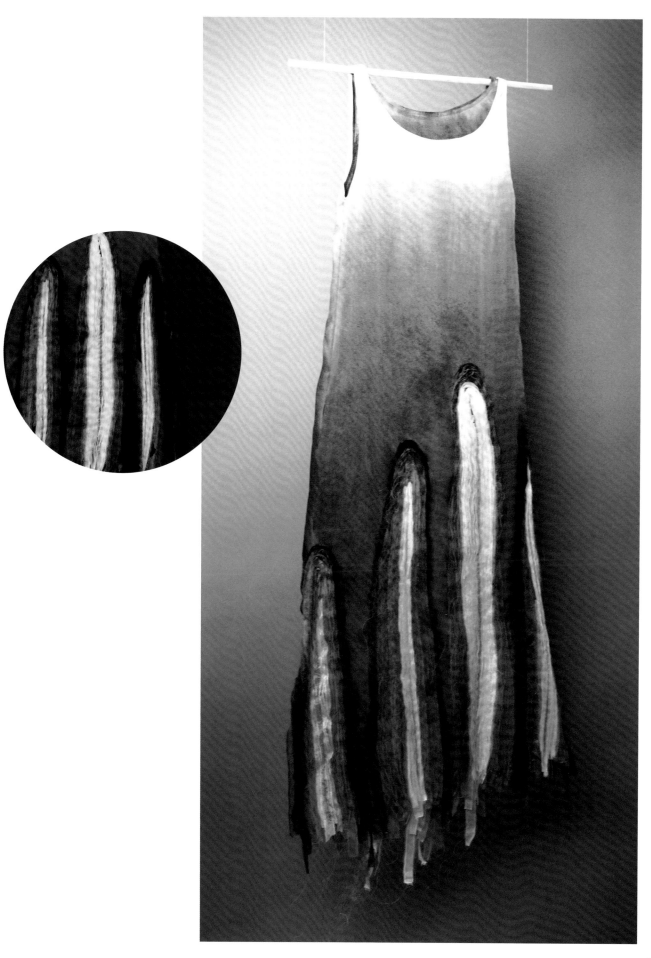

《仿佛》

作者：罗莹
材质：真丝欧根纱
尺寸：模特展示
染材：黑豆皮

设计说明

本系列植物染设计作品用黑豆皮加媒染绞缬而成，
灵感来源于大足石刻古旧沧桑的痕迹。尝试将传统
植物染运用在现代设计中。

《蝴蝶夫人》

作者：吕越
材质：棉布、亚克力
尺寸：尺寸可变
染材：蓝靛

设计说明

作品采用印有蝴蝶的蓝印花布与布料刻成的蝴蝶进行互动，将蓬裙的弧形与鸟笼吻合，把厨娘的围裙和大摆礼服裙进行不协调拼接……淑女与厨娘、自由与禁锢、中国土布与西式裙撑、手工印染与激光雕刻、平面与立体、阿庆嫂与网红、过去与现在，阴与阳、虚与实，那些看似不相干的东西似乎又显现了相互支撑的和谐。矛与盾共存，正是作者要表达的内容。

《幽游》

作者：吕秀娟（中国台湾）

材质：棉

尺寸：400cm×102cm

染材：蓝靛

设计说明

水的蓝，鱼的悠游，是一种自在而静谧，未能成双，而巡弋着，处处水花，都是生命里的激昂。

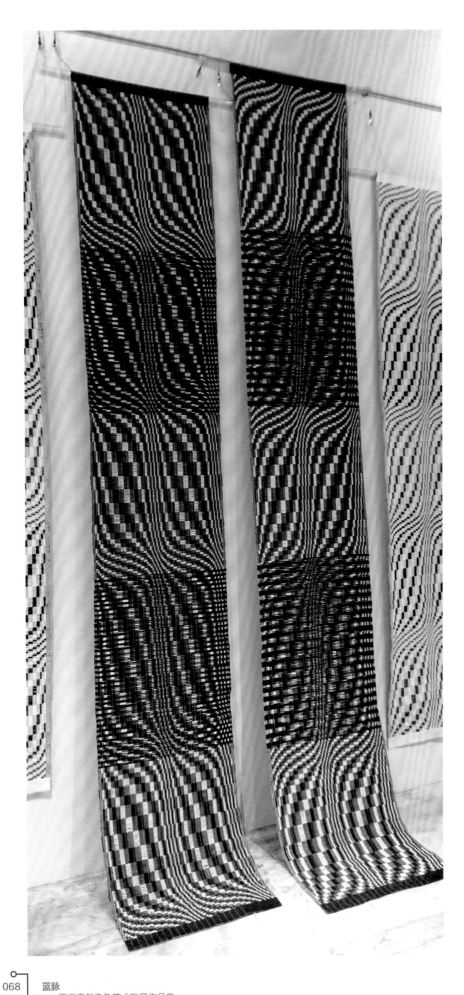

《回蓝—1、2》

作者：马芬妹（中国台湾）
材质：苎麻线、棉麻混纺线、蓝染
尺寸：372cm×60cm；344cm×60cm
染材：蓝靛

《回蓝—3、4》

作者：马芬妹（中国台湾）
材质：苎麻线、棉麻混纺线、蓝染
尺寸：272cm×60cm；256cm×60cm
染材：蓝靛

设计说明

花莲溪婉蜒于群山纵谷之间，充沛水量注入花东大地，日夜潺潺不断奔流洄澜出海。以蓝染麻线机织技法，表达日出先照海洋回蓝印象。

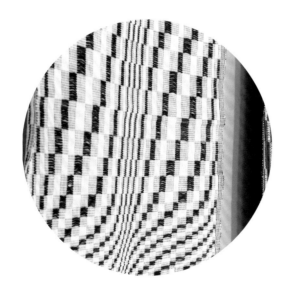

《幻 · 换》

作者：毛佩华（中国台湾）

材质：欧根纱、棉

尺寸：模特展示

染材：蓝靛

设计说明

藉由旋转、律动、渐层叠色、上下互换，展现如山如云的
幻觉。

《云的意象》

作者：毛佩华（中国台湾）

材质：欧根纱

尺寸：模特展示

染材：蓝靛

设计说明

作品灵感来自于云层的变化，云是由许多小水滴或小冰晶聚合而成，透过云的聚合形式作为服装基础造型，以层层叠叠的方法作为服装主要构成要素，藉由蚕丝乌干纱的通透，表现云的轻盈感，以渐层染的蓝色，衬托出云的白色。

《森》

作者：邱绣莲（中国台湾）

材质：亚麻

尺寸：200cm×80cm

染材：蓝靛

设计说明

以片野绞作图山形，如梦幻森林青色山
脉，一端浅蓝布置至顶，垂挂如山。

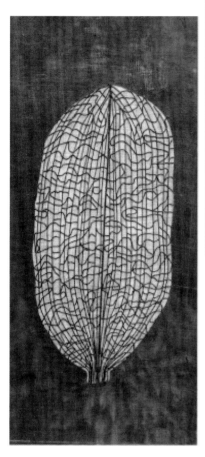

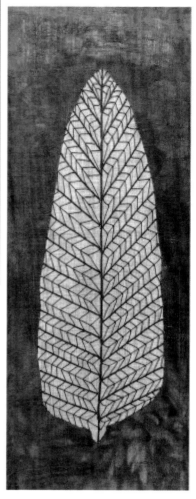

《植迷布悟》

作者：邱绣莲（中国台湾）
材质：手织苎麻布、蓝染棉线、蓝染毛线、透明亚克力板6片
尺寸：60cm×32cm、47cm×32cm、43cm×32cm
染材：蓝靛

设计说明

因喜欢植物，常常被叶色叶形给迷住，有次发现蝴蝶兰叶片
被蜗牛啃噬剩叶脉，叶片里布满细致透明如丝织网，煞是好
看，引发一连串的构想……

《绞披风》

作者：申凯旋
材质：手织棉布
尺寸：119cm × 196cm
染材：蓼蓝靛

设计说明

以山东孔府旧藏服饰中的披风藏品款式作为载体，蓝白分明的斜纹绞染图案虚实结合，衣身面料靓丽而有动感，衣领暗花绞染更显沉稳。

《五莲佛光》

作者：申凯旋
材质：亚麻布
尺寸：62cm×45cm
染材：蓼蓝靛

设计说明

五莲山大佛是作者家乡的一处景观，佛像通体以天然巨石为佛身，头部稍加雕琢而成。作品以型染的技法表现出佛像庄严的神态，以蓝天白云为背景映衬佛像洁白的身躯。

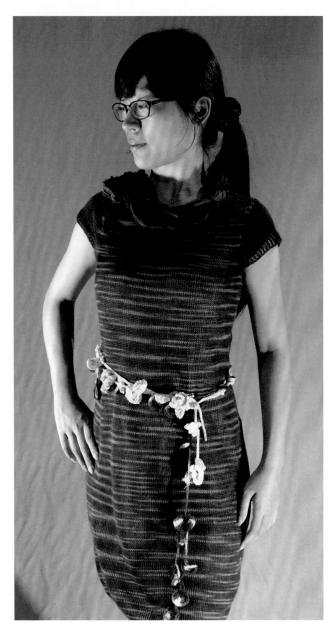

《织蓝》

作者：沈慧茹（中国台湾）
材质：苎麻
尺寸：模特展示
染材：蓝靛

设计说明

沉浸在天然灰水建置蓝染缸的苎麻线，因为时间及次数的累积，从单纯的蓝白色相中，呈现出独特丰富的韵味。

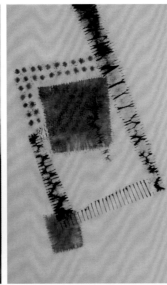

《扎染几何系列》

作者：宋玉凤

材质：棉布

尺寸：90cm×55cm

染材：蓝靛

设计说明

此系列扎染作品从构图与技法表现都给予了扎染更多的自由和可能。在图案设计上更注重图形的设计感和构成感，表现了一种理性美。多种传统扎绞工艺结合，如绞缝、防染、点染、吊染等，实现了用传统的手法表现现代的审美。此系列作品探讨了扎染新的表现形式与表达语言。

《涡之舞系列》

作者：宋玉凤
材质：棉布
尺寸：55cm×55cm
染材：蓝靛

设计说明

此系列《涡之舞》作品技法采用型染（蓝印花布）手法，在图案创作上提取涡纹，搭配八角纹后重组，用现代设计的规则重新组合，如大小、重叠、交错等形式。突破了传统涡纹的简练性，还原涡纹的原始性和写实性，这种形式更突出了画面的装饰性和美感，让传统纹样具有现代的审美。

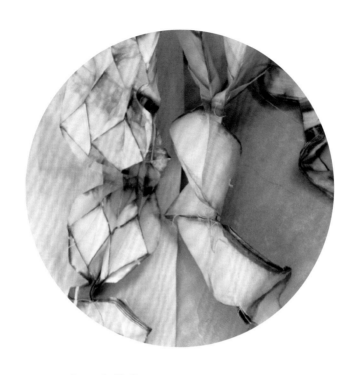

《田字格》

作者：孙亚楠
材质：竹麻
尺寸：人台展示
染材：蓝靛

设计说明

本作品采用天然竹麻面料，手工植物染色制作。利用面料硬挺的特性，设计不同折叠方法，通过染色展现出不同的方格纹样，比拟汉字书写用的田字格。同时利用染色的不同时间产生不同的色彩艺术变化，将时装款式与几何造型结合使植物染作品传统中不失时尚。

《破茧》

作者：孙翠兰（中国台湾）

材质：棉、丝

尺寸：人台展示

染材：蓝靛

设计说明

蚕的幼虫在化蛹时会吐丝将蛹团团包裹，"作茧自缚"是为了保护自己。利用不同色彩层次似实若虚地如同茧内的蛹，看似围困，实则是为了凝聚蜕变的能量；历经各阶段不同的面貌，看似静止，实则是静待羽化之后破茧而出的美丽；蜕变为了重生，破茧之后的重生更能展现生命的韧性与耀眼。

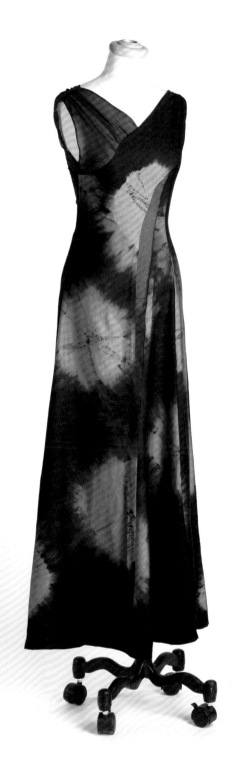
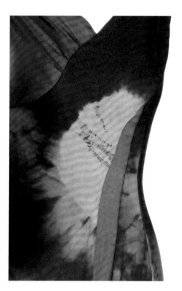
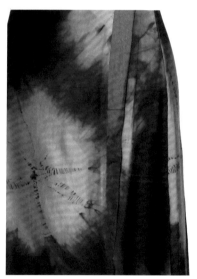
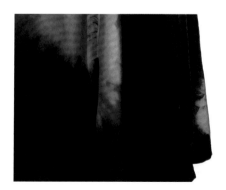

《舞动》

作者：汤文君（中国台湾）
材质：棉
尺寸：150cm×120cm
染材：蓝靛

设计说明

用染液恣意挥洒出舞动的姿态，欢乐地挥洒出
三名舞动舞者。

《祥瑞麒麟》

作者：汤志伟
材质：缫萦
尺寸：113cm×100cm
染材：蓝靛

设计说明

以祥瑞麒麟为主题，从天而降为大地带来祥和
的氛围。

《玄 · 黄》

作者：王浩然
材质：蚕丝、羊毛
尺寸：70cm × 70cm
染材：蓝靛、橡实、柘根、刺黄莲等

设计说明

玄黄是天地的颜色。玄、黄又是两个空间。《玄》选用生丝作为基底，局部的生熟丝处理，留下细碎的褶皱肌理，增加了"玄"的妙感。《黄》选用羊毛毡作为基础材质，选用根类染材表达土地色彩的一种厚重感。

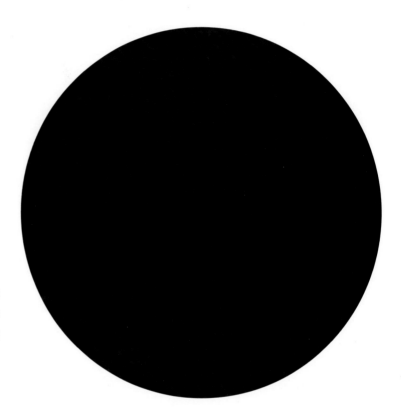

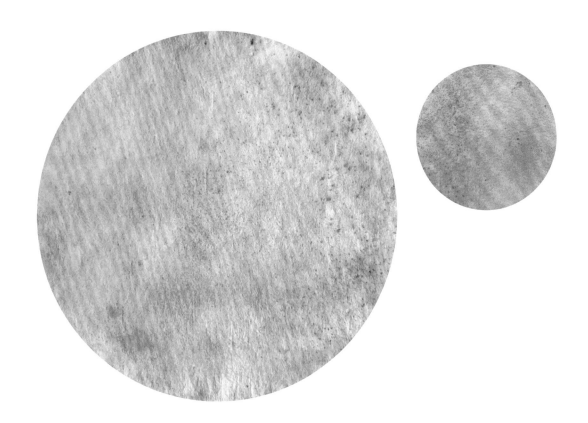

《那年七月》

作者：王柳春
材质：真丝绡
尺寸：150cm×150cm
染材：蓝靛

设计说明

作品以传统蓝靛手工染色，通过叠、缝制作出不同层次的蓝色。以中国画中的山石为造型，用蓝色体现一个江南小景，及小景体现出的美好岁月。那年的盛夏，那年的七月。

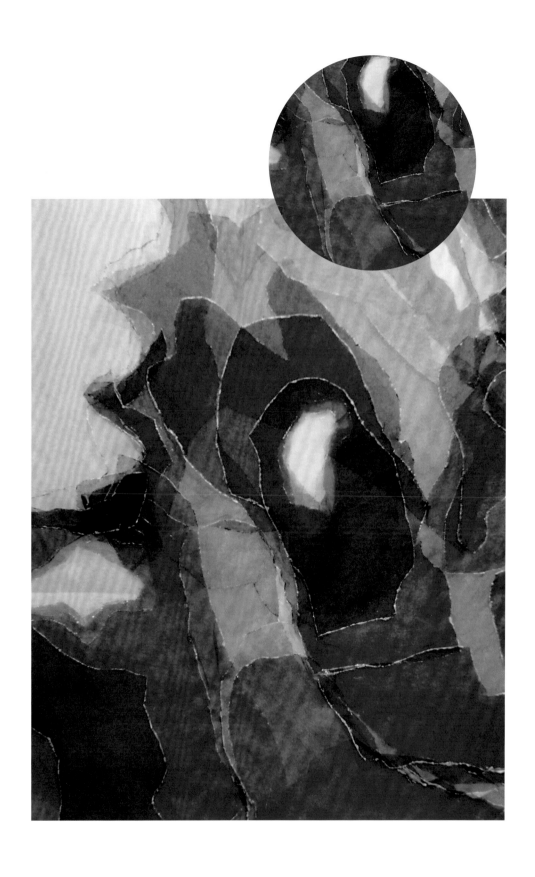

《扎染——青若生蓝》

作者：王妮、刘艳琪、滕静蓉
材质：棉麻
尺寸：模特展示
染材：蓝靛

设计说明

此次的两件作品均以蓝靛为主要染材，棉麻为主要面料，一款以少数民族拼布绣为主，另一款以蓝印花布为主要设计手法进行创作的，同时结合现代图案以及湖南当地少数民族传统工艺绣法对面料进行再设计，打造传统与现代相结合的服饰设计，给服装带来了一定的神秘感。

《圆舞曲》

作者：王怡美（中国台湾）
材质：棉、丝、六角网
尺寸：立体展示
染材：蓝靛

设计说明

圆与缘，以斜布条框出红色边缘线，将绑染技法的印记，幻化为圆形球体，驰骋的想象力赋予协调的轮廓。在同化中，几何的构图与服装的立体裁剪映照共舞。

《凝视》

作者：王怡美（中国台湾）
材质：棉、雪纺
尺寸：立体展示
染材：蓝靛

设计说明

将蓝染过程中的绑染技法保留并且放大，让一种属于质感的立体美学，顺着触觉的轮廓，演绎服装的构筑与错位，升华温暖手作的记忆。

《布局》

作者：王奕蓉

材质：棉布

尺寸：100cm×80cm

染材：蓝靛

设计说明

作品选用全棉面料，纯植物蓝靛发酵染液，纯手工扎染技艺，利用面料柔软特性表现疏与密、柔与刚、静与动、美与拙，展现一个独特的立体空间，呈现一个蓝白四方格局，蕴藏着走过的路，遇见的人，做过的事……打开人生"布"局，注定心的"格"局。

《缬逸》

作者：王悦

材质：生丝

尺寸：成衣衬衫

染材：蓼蓝

设计说明

此系列作品是作者与国家级非物质文化遗产传承人吴灵姝女士、广绣传承人劳惠然女士共同创作完成的。此件作品运用中国民间蓝夹缬、广绣技艺，通过使用透明材料对传统工艺进行探索和创新，尝试把中国传统转译出当代语言，并以现代的穿着方式演绎传统美。创作中在汲取中国传统工艺的智慧和创造力的同时，希望传达给使用者的是一种时代语境下的、中国式的生活方式。

《珠江韵》

作者：吴越齐
材质：真丝
尺寸：200cm×140cm
染材：薯莨

设计说明

意在表现珠江景色，采用岭南特有
的薯莨染色，并利用珠江淤泥进行
媒染，工艺基本承袭于传统香云纱
染色工艺。是对传统染色工艺的一
次尝试性探索。

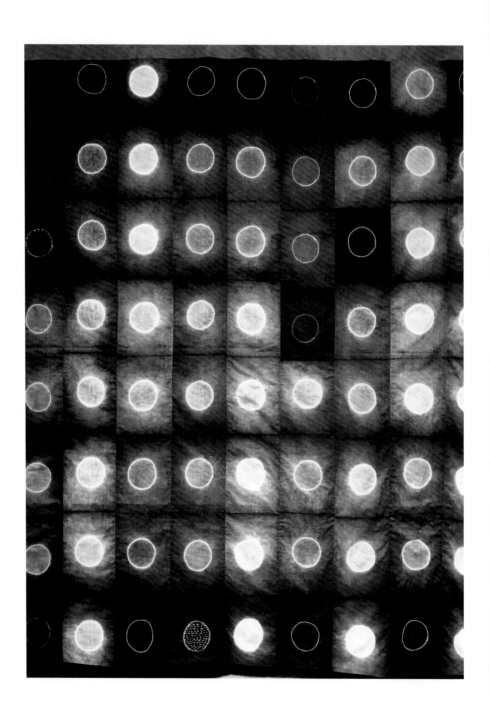

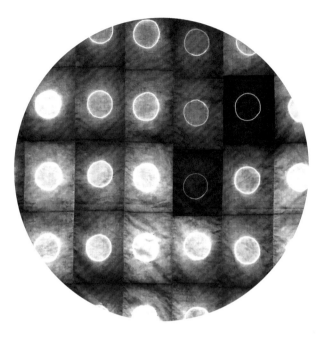

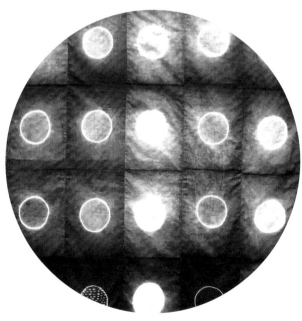

《圈儿词》

作者：萧静芬（中国台湾）

材质：棉布

尺寸：208cm×160cm

染材：蓝靛

设计说明

这件作品取自宋朝词人朱淑真的作品——《圈儿词》，"相思欲寄从何寄，画个圈儿替。话在圈儿外，心在圈儿里。我密密加圈儿，你须密密知侬意。单圈儿是我，双圈儿是你。整圈儿是团圆，破圈儿是别离。还有那数不尽的相思，把一路圈儿圈到底。"以层层叠叠的圆来记念逝去的友人。

《光亮》

作者：谢卉、杨秋华

材质：侗族亮布

尺寸：手包：26cm×15cm

　　　屏风：45cm×150cm

　　　单肩背包：37.5cm×28cm

染材：蓝靛、薯莨、椿树皮、柿漆、蛋清

设计说明

在黔东南，侗族保存了千年的不仅是生活习惯，还包括文化和服饰。其中侗族亮布的制作工艺十分复杂，需经三十多道工序，反复浸染捶打而成，面料色深而富有光泽。亮布凝聚了侗族妇女千锤百炼的心血和智慧，由于产量稀少，是侗家男女最为尊贵的服饰面料，同时也是是馈赠亲友的上等佳品，特别珍贵。而正是由于制作工艺过于烦琐，受众面十分有限，这种纯手工、纯天然的手工技艺随着时代的发展慢慢地与现代生活脱节而远离大众视野。

本项目的目的在于传承这种古老而珍贵的技艺，活化和发展"非遗"民艺所凝聚的人文精髓，以珍贵的侗族亮布作为样本，借助设计的力量与我们当下的生活紧密关联起来，与大众的消费升级建立联系，推动传统技艺的回归，提升少数民族文化的普及和认知度，设计出更为现代的、时尚的、实用的、符合当下审美习惯和市场需求的产品，让侗族亮布重归当下的生活。

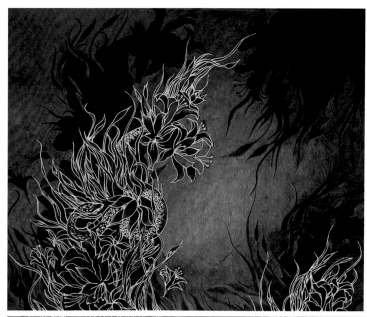

《重明翚逸》

作者：杨秋华、谢卉

材质：竹节布

尺寸：300cm×250cm

染材：蓝靛

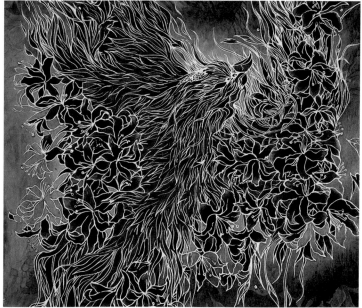

设计说明

重明意指重明鸟，是中国古代神话传说中的神鸟，此鸟因两目都有两个眼珠，所以叫作重明鸟，亦叫重睛鸟。它的气力很大，能够搏逐猛兽，能辟除猛兽妖物等灾害。在中国民间新年风俗中，贴画鸡于门窗上，实即重明鸟之遗意。

翚者，鸟之奇异者也。出自《诗·小雅·斯干》："如鸟斯革，如翚斯飞。"翚逸表现出神鸟振翅疾飞时的婀娜飘逸姿态。

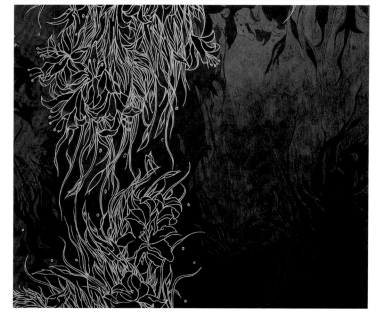

《花之韵》

作者：谢芸
材质：纯棉布
尺寸：200cm×140cm
染材：蓝靛

设计说明

该作品"花之韵"为拼布被面。图案灵感来源于少数民族传统元素，如意纹、花卉纹等。采用民间贴布绣工艺，用不同色度的蓝染布的碎布头手工缝制而成。碎布头拼合为一，正是惜物爱物的完美体现。百花齐放寓意吉祥如意和对美好未来的的企盼。

《玉环凝香》

作者：谢芸
材质：棉布
尺寸：180cm×112cm
染材：蓝靛

设计说明

该作品"玉环凝香"为拼布被面。图案是我国传统的莲花纹样。采用民间贴布绣及打籽绣等刺绣工艺，用蓝染的几个不同色度的碎布头手工缝制而成。莲花别称玉环，朵朵玉环凝香绽放，给熟睡中的人儿制造一个甜美的梦，寓意幸福安康！

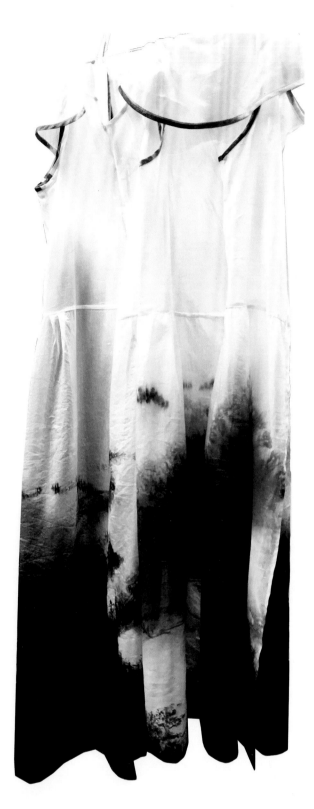

《折叠山水衣空间》

作者：徐秋宜（中国台湾）

材质：白绢

尺寸：180cm×50cm×50cm

染材：蓝靛

设计说明

清逸秀净的白绢折叠衣，有着层叠群山环绕的美丽蓝风景，撩拨着衣襟山水烟岸与远山疏木蓝翠，聆浸青崖间，山峰绵延春色遍地，白云盘绕赏游者可缓缓而行，品赏芳香自然，以及空气中的一片湿润。

《折叠山水森林》

作者：徐秋宜（中国台湾）
材质：白绢
尺寸：188cm×150cm
染材：蓝靛

设计说明

图纹内涵不取尽相而穷形的技巧，不描绘具象山水的细节，而是有如泼墨山水，着眼于满目旷远的山陵布局与深幽抉微的江烟群山，在任意空间来去折叠，豪情在心神里外自现。

《又东三百里》

作者：杨冬梅
材质：真丝欧根纱、天丝麻
尺寸：45cm×100cm
染材：蓝靛

设计说明

"又东三百里"取自《山海经》里常见却很不起眼的一句读白，与山海神兽没什么关联。随着这句话的频繁出现，在《山海经》里，我们见识到南山北海之间的地负海涵、包罗万象。

作品中以蓝染为主的服装，蓝白的配合或如海浪、或如星辰、或如寒山、或如延绵不断的山脉悬浮的欧根纱如一座座山，山海相连，延绵不断，神兽出没。也许，又东三百里，又有另一片海阔天空。

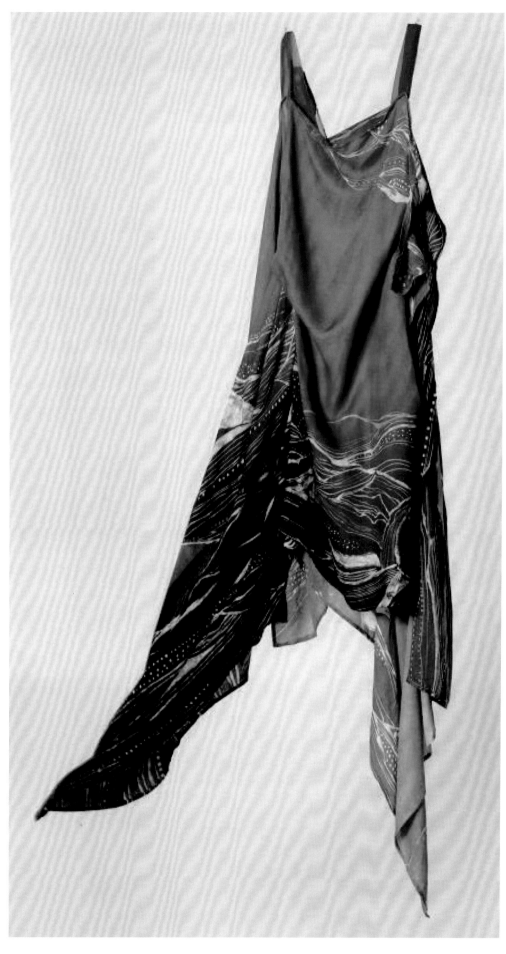

《涡之二》

作者：杨伟林（中国台湾）

材质：布轮

尺寸：45cm×100cm

染材：蓝靛

设计说明

2013年之后，我尝试使用布轮这个工业生产的消耗性材料结合天然蓝染创作；利用拆除布轮原本缝线的不同方式，重复染色以呈现色彩的层次变化。藉由工业的消耗性材料与历经兴衰再复原的传统天然材质互相对话，诉说中国台湾这个岛屿在当下环境的双面性格。我在地图上搜寻着遥远的岛屿位置与轮廓，在生态繁茂的潮间带与看似平静美丽的海洋间，却品尝到了隐藏的凶险与泪水。"涡"这件作品以翻转两面的布轮组合，铺陈出鸟瞰的岛屿群组，有柔软的浪花皱摺、也有粗砺的礁石起伏。一波波潮水带来生命中的盐，苦涩与甜美同在，这是伊甸园的秘密。

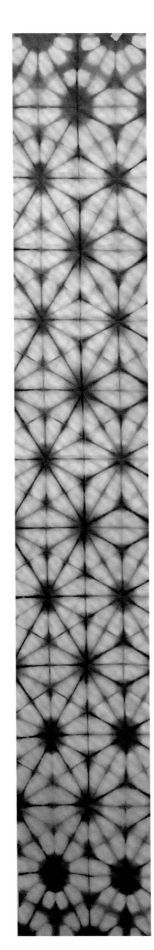

《麻叶异想—1.2.3》

作者：易映光（中国台湾）

材质：棉布

尺寸：200cm×40cm

染材：蓝靛

设计说明

来自六角形的连续变化，自古就有的纹样有康健成长的吉祥意义。以折叠和夹、绞等的手法应用，得到各式麻叶型的变化。

1

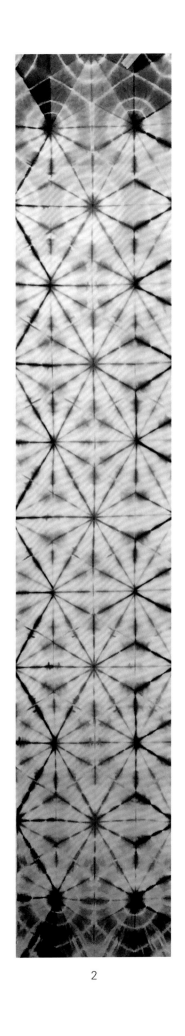

2

3

《植草印象1》

作者：尤珈
材质：羊毛
尺寸：模特展示
染材：（植物拓染）树叶

设计说明

万物皆有其时，一片叶子在此刻的存在，通过温度的浸染都被刻录留存在了织物上，这是艺术对自然的敬意。染即道，道取法自然，叶草亦卷亦疏，衣裳古朴秀逸；叶子淡淡的印痕与粗狂的绣迹相应，柔软的羊毛织物与洒脱的服装款式相和，亦静默，亦灵动，一瞥惊艳。

《植草印象2》

作者：尤珈
材质：真丝
尺寸：模特展示
染材：（吊染、扎染）蓝靛

设计说明

诗经中的蓝草是女子的思念，蓝染历史悠远，它所承载的文化意蕴同样丰富深远。单纯静穆，沉静质朴，蓝染充分体现了美的形式与内涵。将深浅明暗不一的蓝裁剪拼合，从服饰线条与线条之间的相遇与分离中探究自然与人的平衡。

《致大多数的未化蛾者》

作者：喻帆

材质：棉布、木珠、麻布、麻绳、丝、蚕茧

尺寸：70cm×70cm

染材：柿染、蓝靛

设计说明

吐丝、结茧、成蛹、化蛾是蚕既定的自然蜕变的生命过程。但是有大部分蚕吐丝结茧后，会因各种原因和商业需求，未能完成最后一步生命的自然转化。作者将关注点放于那些默默无闻、辛苦劳作、吐丝结茧最后却无法自然转化为蛾的蚕蛹身上，借以此作品，向我们身边那些勤恳工作、默默耕耘、无私奉献、不计回报的人致敬！

《说法》

作者：张剑峰
材质：棉、扎染
尺寸：250cm×150cm
染材：蓝靛

设计说明

佛陀说法，法轮常转。将菩提、荷花花瓣拟人为一个个形象生动的听法者，聆听佛陀觉悟者的开示，整个画面笼罩在法喜之中。采用扎染和植物蓝染工艺，一针一线一菩提，一蓝一染一世界。

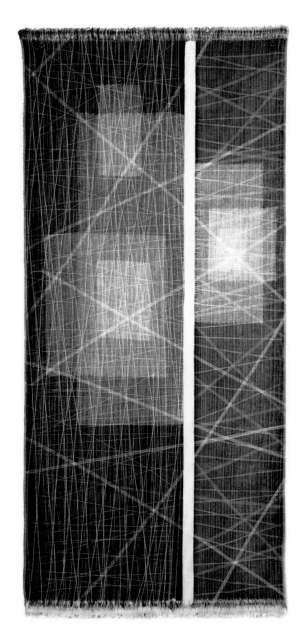
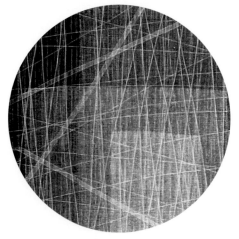

物象系列——《重叠与关联》

作者：张湜

材质：麻纤维

尺寸：160cm×70cm

染材：蓝靛

设计说明

物象系列作品，是通过自然物象的现象去感悟人与自然、人与社会、人与人的关系，调解认知的局限的困局探寻。

物象系列——《蚀·佛相》

作者：张湜

材质：麻纤维

尺寸：153cm × 81.5cm

染材：蓝靛

设计说明

物象系列作品，是通过自然物象的现象去感悟人与自然、人与社会、人与人的关系，调解认知的局限的困局探寻。

《车骑出行图》

作者：张晓平
材质：棉布
尺寸：220cm×55cm
染材：五倍子

设计说明

车骑出行图取材于汉代画像砖，汉制一千石至三佰石官吏出行时有骑吏二人清道，轺车两辆随后。一轺车一吏击鼓开道，官吏随后，表现汉代官吏出行场面。扎缬工艺采用自贡扎染技艺中的串扎、叠扎、塔扎、撮扎和云撮缬等多种扎技法，用五倍子染黑、白、灰三色，表现汉画像砖的古朴之风，惟妙惟肖的人物和生动逼真的马，将人的视线带入两千年前汉代恢弘的时空中。

《石榴多子图》

作者：张晓平

材质：棉布

尺寸：80cm×80cm

染材：槐花染色

设计说明

石榴花红艳如火，石榴子实晶莹透亮，就像一颗颗红宝石，并且数量很多，便自然在民间形成"多子"的象征。

扎缬工艺采用自贡传统串扎、毛虫缬、塔扎等工艺制作，染色采用槐花深浅套染，使作品呈现浅底深花的扎染视觉效果。

《虚无》

作者：张慧贞（中国台湾）
材质：麻
尺寸：160cm×45cm
染材：蓝靛

设计说明

似真，非真，
眼见不一定是真，
把握当下才是真。

 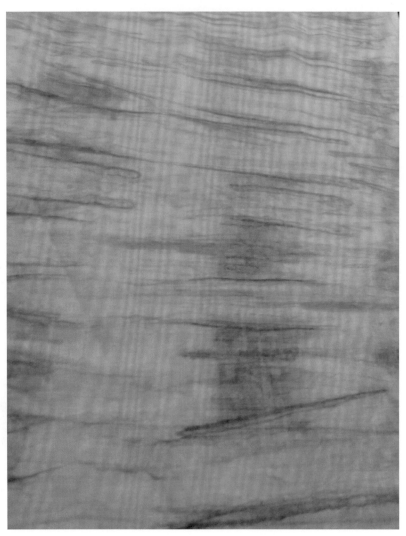

《飘渺》

作者：张慧贞（中国台湾）
材质：二重纱
尺寸：145cm×45cm
染材：蓝靛

设计说明

似有似无，
若隐若现，
虚、无之间，
任凭自由发想；故事便由此开始……

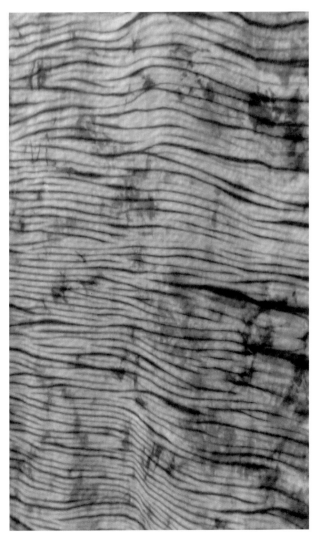

《维汉监光》

作者：郑惠美（中国台湾）

材质：棉布、欧根纱、玻璃珠

尺寸：人台展示

染材：蓝靛

设计说明

《诗经·小雅·大东》：维天有汉，监亦有光；天上的银河，照耀着灿烂的闪光。蓝布上点点的珠饰，如孩提旧梦中卧看无垠的夜空，细数河汉星光。

《纤云飞星》

作者：郑惠美（中国台湾）

材质：棉布、欧根纱、玻璃珠

尺寸：人台展示

染材：蓝靛

设计说明

纤薄的云彩，在天空中变幻多端，皓空流星飞传着思念的情怀；渲染的蓝布流动着缕缕轻雾，思绪如遥远无垠的银河，在靛帛里浸润飞散。

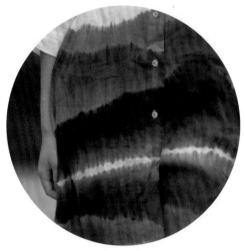

《蓝染时装》

作者：郑美淑（中国台湾）

材质：棉布

尺寸：模特展示

染材：蓝靛

设计说明

透过绞染方式将山与水的线棉布条呈现于衣着上，让蓝染服装展现不同的风貌。

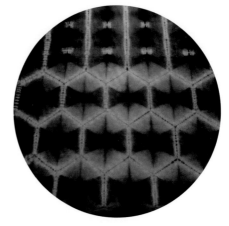

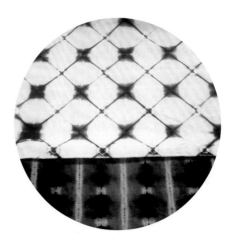

《衣著与蓝》

作者：周淑樱（中国台湾）

材质：节纱棉布

尺寸：实物展示

染材：蓝靛

设计说明

展现蓝几何之美与生活衣着之运用关系的美学观点实践。

《亚洲新湾区在高雄》

作者：周淑樱（中国台湾）

材质：仿古布

尺寸：50cm×40cm

染材：蓝靛

设计说明

以中国台湾高雄市新地标建设为创想,刻划高雄港埠天际线的改变,并期许高雄市国际能见度的提升与产业转型的成功。

《四季平安之小满》

作者：庄世琦（中国台湾）

材质：棉布

尺寸：145cm×66cm

染材：蓝靛、蜡

设计说明

《月令七十二候集解》："四月中，小满者，物至于此小得益满" 在此气节中塘中荷花已盛，透过型染呈现荷花与其他花草初发繁盛之美。

《四季平安之白露》

作者：庄世琦（中国台湾）

材质：棉布

尺寸：145cm×66cm

染材：蓝靛、蜡

设计说明

"白露黄花自绕篱，幽香深棉布，蓝谢好风吹"，取自史铸的诗染句，作品以传统型染表现白露节气菊的样态。

《山光月色》

作者：卓子络（中国台湾）
材质：棉布
尺寸：110cm×110cm
染材：蓝靛、蜡

设计说明

使用洒蜡防染及遮盖的技法呈现月色下水面上雾气弥漫的效果。

《波光涟漪》

作者：曾秀宝（中国台湾）
材质：手工苎麻布
尺寸：168cm×45cm
染材：蓝靛

设计说明

蔚蓝的海洋，在阳光穿透的海水中，呈现不同渐层的蓝，一群水母优游嬉戏，或轻飘浅水或隐入深处，气泡此起彼落，尽情享受阳光的温暖，从容自在无障碍，真令人欣羡。

《关西月夜》

作者：曾秀宝（中国台湾）

材质：手工苎麻布

尺寸：135cm×57cm

染材：蓝靛

设计说明

因为工作室位于中国台湾新竹县关西镇，在一个明月当空高挂，流云疏密隐约之际，站在地标哥德式建筑天主堂前，面对尖拱、肋筋穹顶、大型彩色玻璃窗及大木门前，细细品味，流连徘徊而忘返。

主　　编：罗　莹

副　主　编：马芬妹（中国台湾）

资料收集：陈咏梅
　　　　　杨冬梅
　　　　　汤文君（中国台湾）
　　　　　萧静芬（中国台湾）
　　　　　沈慧茹（中国台湾）

资料编辑：舒　畅　田钦阁

版式设计：舒　畅

平面设计：田钦阁